BEI GRIN MACHT SICH IHR WISSEN BEZAHLT

Das Spiel Dobble als Modellraum der endlichen projektiven Ebene der Ordnung 7

Bibliografische Information der Deutschen Nationalbibliothek:

Die Deutsche Nationalbibliothek verzeichnet diese Publikation in der Deutschen Nationalbibliografie; detaillierte bibliografische Daten sind im Internet über http://dnb.d-nb.de abrufbar.

ISBN: 9783389014387
Dieses Buch ist auch als E-Book erhältlich.

Druck und Bindung: Books on Demand GmbH, Norderstedt Germany
Gedruckt auf säurefreiem Papier aus verantwortungsvollen Quellen

Das vorliegende Werk wurde sorgfältig erarbeitet. Dennoch übernehmen Autoren und Verlag für die Richtigkeit von Angaben, Hinweisen, Links und Ratschlägen sowie eventuelle Druckfehler keine Haftung.

Das Buch bei GRIN: https://www.grin.com/document/1450666

EBERHARD KARLS UNIVERSITÄT TÜBINGEN

MATHEMATISCH-NATURWISSENSCHAFTLICHE FAKULTÄT

FACHBEREICH MATHEMATIK

BACHELORARBEIT

Das Spiel Dobble als Modellraum der endlichen projektiven Ebene der Ordnung 7

April 7, 2021

Inhaltsverzeichnis

1 Einleitung

In projektiven Ebenen schneiden sich je zwei Geraden immer in genau einem Punkt. Es gibt also keine parallelen Geraden. Was zunächst eine abstrakte mathematische Struktur zu sein scheint, kann bereits in einem Kinderspiel gefunden werden. Das Spiel Dobble besteht aus 55 Karten mit jeweils acht Symbolen, wobei je zwei Karten in genau einem Symbol übereinstimmen. Assoziiert man Geraden mit Karten und Symbole mit Punkten, so entspricht dies genau der Eigenschaft des projektiven Raumes, dass sich zwei Geraden in genau einem Punkt schneiden. Das komplette Kartenset bildet dann eine Ebene. Bereits David Hilbert nutzte diese Möglichkeit die Perspektive zu wechseln, als er sagte: *Man muß jederzeit an Stelle von „Punkten, Geraden, Ebenen" „Tische, Stühle, Bierseidel" sagen können* [Blu35, S.403].

Diese Arbeit wird sich genauer mit dem Zusammenhang des Spiels Dobble mit projektiven Ebenen beschäftigen und zeigen, dass das Kartenset zu einem Modellraum der projektiven Ebene der Ordnung 7 wird, indem es um zwei geeignete Karten erweitert wird. Über diesen Zusammenhang lassen sich auch Konsequenzen für das Spiel sowie Spielvarianten des Spieles schließen.

Hierfür werden zunächst endliche projektive Ebenen und ihre Ordnungen definiert, woraufhin auf die noch immer ungelöste Frage eingegangen wird, zu welchen Ordnungen und mit wie vielen Punkten projektive Ebenen existieren. Die Dualität projektiver Ebenen, die er erlaubt, Punkte und Geraden zu vertauschen, ist Gegenstand des darauf folgenden Abschnitts, bevor schließlich der Zusammenhang projektiver Ebenen mit affinen Ebenen ausgeführt wird. Über diesen Zusammenhang soll schließlich der Darstellungssatz für desarguessche projektive Ebenen gezeigt werden, aus dem die Eindeutigkeit der projektiven Ebene der Ordnung 7 folgt.

Das dritte Kapitel dieser Arbeit widmet sich dem Kartenspiel Dobble. Nachdem zunächst gezeigt wird, dass das Kartenset in der im Spiel vorliegenden Version keine projektive Ebene ist, werden die zwei fehlenden Karten konstruiert. Außerdem wird mithilfe der Eigenschaften projektiver Ebenen gezeigt, dass tatsächlich alle Spielvarianten immer spielbar sind. Zuletzt wird überlegt, welche weiteren Spielvarianten aus diesen Eigenschaften für das Kartenspiel folgen.

2 Endliche projektive Ebenen

Die ersten drei Abschnitte dieses Kapitels orientieren sich an [MN98, S.240-254], [BR04, S. 22-25], [KK96, S. 13-15, 29–32] und [Rad19, S. 37-60], während sich die hinteren beiden Abschnitte dieses Kapitels an [Kre, S. 14-21] und [Rad19, S.15-19, 24–25, 53–56, 61–64] orientieren.

2.1 Projektive Ebenen

Definition 2.1.1. Seien $\mathbf{P}$ eine nicht-leere Punktemenge und $\mathcal{L}_{\mathbf{P}}$ ein System von Teilmengen von $\mathbf{P}$, die Geraden genannt werden. Dann heißt das Paar $(\mathbf{P}, \mathcal{L}_{\mathbf{P}})$ eine *(axiomatisch) projektive Ebene*, wenn es die folgenden Axiome erfüllt:

P.1 Zwei Punkte $P \neq Q$ liegen auf einer eindeutigen Gerade $P \vee Q$.

P.2 Zwei verschiedene Geraden treffen sich in einem eindeutigen Punkt.

P.3 Jede Gerade enthält mindestens drei verschiedene Punkte.

P.4 Es gibt drei nicht-kollineare Punkte.

Das Axiom P.2 wird auch *elliptisches Parallelenaxiom* genannt.

Eine projektive Ebene heißt *endlich*, wenn ihre Punktemenge endlich ist.

Beispiel 2.1.2. Das kleinste Beispiel einer endlichen projektive Ebene ist die unten dargestellte *Fano-Ebene* mit sieben Punkten und sieben dreipunktigen Geraden.

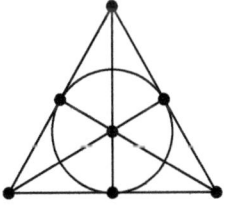

Beispiel 2.1.3. Über einem beliebigen Körper $\mathbb{K}$ erhält man eine projektive Ebene $(\mathbf{P}, \mathcal{L}_{\mathbf{P}})$ durch

$$\mathbf{P} := \{l \,|\, l \text{ ist Gerade in } \mathbb{K}^3\}, \quad \mathcal{L}_{\mathbf{P}} := \{E \,|\, E \text{ ist Ursprungsebene in } \mathbb{K}^3\}.$$

Die Ebene ist genau dann endlich, wenn $\mathbb{K}$ ein endlicher Körper ist.

2.2 Ordnungen endlicher projektiver Ebenen

Lemma 2.2.1. *Seien L und L' zwei Geraden einer projektive Ebene $(\mathbf{P}, \mathcal{L}_\mathbf{P})$. Dann sind die Mächtigkeiten beider Geraden gleich.*

Beweis. Um die Gleichheit dieser Mächtigkeiten zu zeigen, soll eine bijektive Abbildung $\pi : L \to L'$ zwischen zwei beliebigen Geraden konstruiert werden. Ohne Einschränkung kann angenommen werden, dass $L \neq L'$. Dann schneiden sich die Geraden nach P.2 in einem eindeutigen Punkt S. Nach P.3 gibt es Punkte P_1 auf L und P_2 auf L', sodass $P_1 \neq S \neq P_2$ gilt. Ebenso enthält die Gerade $P_1 \vee P_2$ nach P.3 einen weiteren Punkt Z.

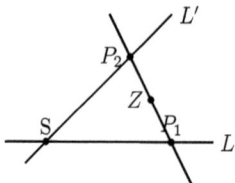

Um die Injektivität zu zeigen, sei $Q_1 \neq S$ ein beliebiger Punkt auf L. Die Gerade $Q_1 \vee Z$ schneidet die Gerade L' nach P.2 in einem Punkt Q_2. Dieser Punkt sei der Bildpunkt von Q_1 unter π, also $\pi(Q_1) = Q_2$. Weiter sei $\pi(S) = S$.

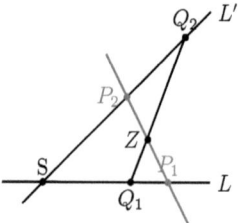

Seien $Q, Q' \neq S$ zwei Punkte auf L mit $\pi(Q) = \pi(Q')$. Dann folgt mit P.1 und da $\pi(Q)$ und Z sowohl auf $Q \vee Z$ als auch auf $Q' \vee Z$ liegen, sodass die beiden Geraden bereits gleich sind. Da jedoch Z nach Konstruktion nicht auf L liegt und sich somit die Geraden L und $Q \vee Z = Q' \vee Z$ nach P.2 in einem eindeutigen Punkt schneiden, muss bereits $Q = Q'$ gelten. Die Abbildung ist also injektiv. Vertauschung der Rollen der Geraden liefert Surjektivität. $\square$

Definition 2.2.2. Die *Ordnung* einer endlichen projektive Ebene $(\mathbf{P}, \mathcal{L}_\mathbf{P})$ ist eine natürliche Zahl n derart, dass auf jeder Geraden genau $n + 1$ Punkte liegen.

Bemerkung 2.2.3. Mit P.3 ist die Ordnung n einer projektive Ebene mindestens zwei.

Beispiel 2.2.4. Da alle Geraden der Fano-Ebene jeweils drei Punkte enthalten, hat sie die Ordnung zwei.

Beispiel 2.2.5. Sei $\mathbb{K}$ ein endlicher Körper mit den n Elementen $0 =: x_0$, $1 =: x_1$ sowie $x_2, \ldots, x_{n-1}$. Dann liegen in der Ebene $E : x_3 = 0$ in $\mathbb{K}^3$ genau $n + 1$ Ursprungsgeraden, nämlich jeweils die durch den Ursprung und einen der folgenden Punkte:

$$\begin{pmatrix} 1 \\ 0 \\ 0 \end{pmatrix}, \begin{pmatrix} 1 \\ 1 \\ 0 \end{pmatrix}, \begin{pmatrix} 1 \\ x_2 \\ 0 \end{pmatrix}, \ldots, \begin{pmatrix} 1 \\ x_{n-1} \\ 0 \end{pmatrix} \text{ und } \begin{pmatrix} 0 \\ 1 \\ 0 \end{pmatrix}.$$

Also liegen auf dieser und damit allen projektiven Geraden genau $n + 1$ projektive Punkte. Damit hat eine projektive Ebene über einem endlichen Körper $\mathbb{K}$ mit n Elementen wie in Beispiel 2.1.3 die Ordnung n.

Bemerkung 2.2.6. Die Fano-Ebene ist isomorph zur projektive Ebene über dem zweielementigen Körper $\mathbb{F}_2$.

Die Frage, welche natürlichen Zahlen n die Ordnung einer projektiven Ebene sein können, ist bis heute nicht beantwortet. Bekannt ist Folgendes:

Satz 2.2.7. *Seien $e \in \mathbb{N}$ eine natürliche Zahl und p eine Primzahl. Dann gibt es einen projektive Ebene der Ordnung $n = p^e$.*

Beweis. Die Idee dieses Beweises basiert auf der Konstruktion einer projektive Ebene über einem endlichen Körper wie in Beispiel 2.1.3. Es ist bekannt, dass es zu jeder Primzahlpotenz p^k einen endlichen Körper mit genau p^k Elementen gibt (Galois). Da nach Beispiel 2.2.5 die Ordnung der projektive Ebene über einem endlichen Körper der Anzahl der Punkte des Körpers entspricht, gibt es zu jeder Primzahlpotenz eine projektive Ebene eben dieser Ordnung. Eine Konstruktion einer projektiven Ebene von Primzahlpotenzordnung findet sich in [MN98, S. 251-253] □

Insbesondere wird vermutet, dass die Ordnung aller projektiven Ebenen eine Primzahlpotenz ist. Die nachfolgenden beiden Aussagen sind die bisher einzigen bekannten zur Nicht-Existenz von projektiven Ebenen bestimmter Ordnungen.

Satz 2.2.8 (Bruck und Ryser). *Sei $n \in \mathbb{N}$ mit $n \equiv 1 \mod 4$ oder $n \equiv 2 \mod 4$. Gibt es eine projektive Ebene der Ordnung n, so muss n die Summe zweier Quadratzahlen (auch Null) sein.*

Beweis. [BR49] □

Bemerkung 2.2.9. Sei $p \geq 2$ eine Primzahl sowie $n := p^k$ für ein $k \in \mathbb{N}$. Dann gibt es nach Satz 2.2.7 immer eine projektive Ebene dieser Ordnung n. Weiter muss, falls für die Ordnung n einer projektive Ebene $n \equiv 1 \mod 4$ oder $n \equiv 2 \mod 4$ gilt, nach Satz 2.2.8 diese Ordnung n Summe zweier Quadrate sein. Daher kann die Frage aufkommen, ob diese beiden Aussagen zueinander im Widerspruch stehen.

Da p ungerade ist, ist dies auch p^k für alle $k \in \mathbb{N}$. Daher gilt $p^k \not\equiv 2 \mod 4$ für alle $k \in \mathbb{N}$. Seien jetzt $p \geq 2$ eine Primzahl und $k \in \mathbb{N}$ so, dass $n := p^k \equiv 1 \mod 4$. Abhängig von p gibt es nun zwei Fälle:

Fall 1: $p \equiv 3 \mod 4 \equiv -1 \mod 4$.

Dann muss $k = 2l$ für ein $l \in \mathbb{N}$ gelten und somit ist $n = \left(p^l\right)^2 + 0^2$, d.h. n ist Summe zweier Quadrate.

Fall 2: $p \equiv 1 \mod 4$.

Aus der algebraischen Zahlentheorie ist bekannt, dass $p \equiv 1 \mod 4$ genau dann, wenn p Summe zweier Quadrate ist. Also gibt es natürliche Zahlen a, b, sodass:

$$p = a^2 + b^2 = (a + ib)(a - ib)$$

Damit folgt für n:

$$n = p^k = (a + ib)^k(a - ib)^k = (c + id)(c - id) = c^2 + d^2,$$

wobei auch c und d natürliche Zahlen sind. Somit ist auch in diesem Fall n Summe zweier Quadrate und in keinem der beiden Fälle trat ein Widerspruch zum Satz von Bruck und Ryser 2.2.8 ein.

Folgerung 2.2.10. *Mit dem Satz von Bruck und Ryser 2.2.8 kann es insbesondere keine projektive Ebene der Ordnung 6, 14, 21, 22, 30, 33, 38, 42, 46,... geben.*

Bemerkung 2.2.11. Die einzige weitere Zahl n, die als Ordnung einer projektive Ebene ausgeschlossen wurde, ist $n = 10$. Dies geschah durch Einsatz eines Computers (vgl. [Lam91]). Für alle weiteren Zahlen wie $12, 15, 18, 20, 24, 28, \ldots$ ist nicht bekannt, ob es eine projektive Ebene dieser Ordnung gibt.

Lemma 2.2.12. *Seien* $(\mathbf{P}, \mathcal{L}_{\mathbf{P}})$ *eine projektive Ebene und* $P \in \mathbf{P}$ *ein Punkt. Dann gibt es eine Gerade* $L \in \mathcal{L}_{\mathbf{P}}$, *die* P *nicht enthält.*

Beweis. Sei $P \in \mathbf{P}$ ein beliebiger Punkt. Nach P.4 gibt es drei nicht-kollineare Punkte A, B, C, wobei ohne Einschränkung $A \neq P$ gelte. Die Geraden $A \vee B$ und $A \vee C$ sind demnach insbesondere verschieden mit dem nach P.1 eindeutigen gemeinsamen Punkt A. Daher enthält eine der Geraden den Punkt P nicht. $\qquad\square$

Proposition 2.2.13. *Sei* $(\mathbf{P}, \mathcal{L}_{\mathbf{P}})$ *eine endliche projektive Ebene der Ordnung* n. *Dann gilt:*

(i) Jeder Punkt liegt auf genau $n+1$ *Geraden.*

(ii) $|\mathbf{P}| = n^2 + n + 1$

(iii) $|\mathcal{L}_{\mathbf{P}}| = n^2 + n + 1$

Insbesondere stimmt die Anzahl der Punkte mit der der Geraden überein.

Beweis. (i)   Sei $P \in \mathbf{P}$ ein beliebiger Punkt und nach Lemma 2.2.12 $L \in \mathcal{L}_{\mathbf{P}}$ eine Gerade, die P nicht enthält. Da die Ordnung der projektive Ebene n ist, enthält diese Gerade L genau $n+1$ Punkte $P_0, \ldots, P_n$. Mit P.1 und P.2 gibt es somit $n+1$ verschiedene Geraden durch P und einen der Punkte $P_0, \ldots, P_n$ aus L. Andererseits muss nach P.2 jede Gerade durch P die Gerade L in einem ihrer Punkte $P_0, \ldots, P_n$ schneiden. Daher sind diese $n+1$ Geraden bereits alle Geraden durch den Punkt P.

(ii)   Sei $P \in \mathbf{P}$ wie zuvor und $L_0, \ldots, L_n \in \mathcal{L}_{\mathbf{P}}$ die $n+1$ Geraden durch P und einen Punkt auf L. Jede dieser Geraden enthält demnach P und n weitere Punkte, wobei die Geraden nach P.1 in keinem weiteren Punkt außer P übereinstimmen. Insgesamt enthalten die Geraden damit zusammen $n(n+1) + 1 = n^2 + n + 1$ verschiedene Punkte.

Es bleibt zu zeigen, dass dies bereits alle Punkte der projektive Ebene sind. Da nach P.2 für jeden Punkt $P \neq Q \in \mathbf{P}$ die Gerade $P \vee Q$ die Gerade L in einem Punkt schneidet, gilt, dass $P \vee Q = L_i$ für ein $i = 0, \ldots, n$. Damit folgt, dass $Q \in L_i$ für ein $i = 0, \ldots, n$.

(iii) Diese Aussage wird direkt aus (ii) und Konstruktion 2.3.1 folgen.

$\qquad\square$

Folgerung 2.2.14. *Es gibt keine projektive Ebene mit* $32, 33, 34, \ldots, 56$ *Punkten oder Geraden.*

Beweis. Die Ordnung einer projektive Ebene ist immer eine natürliche Zahl. Eine projektive Ebene der Ordnung $n = 5$ besteht aus $5^2 + 5 + 1 = 31$ Punkten und ebenso vielen Geraden, eine projektive Ebene der Ordnung $n = 7$ aus $7^2 + 7 + 1 = 57$ Punkten und Geraden. Weiter kann es nach dem Satz von Bruck und Ryser 2.2.8 keine projektive Ebene der Ordnung $n = 6$ geben. Damit gibt es keine projektive Ebene mit mehr als 31 und weniger als 57 Punkten oder Geraden. □

Proposition 2.2.15. *Seien* $(\mathbf{P}, \mathcal{L}_\mathbf{P})$ *eine endliche projektive Ebene ungerader Ordnung* n *und* $L_1, \ldots, L_{n+2} \in \mathcal{L}_\mathbf{P}$ *Geraden. Dann gibt es einen Punkt* $P \in \mathbf{P}$, *der auf drei der Geraden* $L_1, \ldots, L_{n+2}$ *liegt.*

Beweis. Angenommen es gibt keinen solchen Punkt P, d.h. es gilt $L_i \cap L_j \cap L_k = \emptyset$ für verschiedene Geraden $L_i, L_j, L_k \in \{L_1, \ldots, L_{n+2}\}$. Jede Gerade $L_i, i = 1, \ldots, n + 2$ muss sich nach P.2 mit jeder der $n + 1$ weiteren Geraden $L_j, i \neq j = 1, \ldots, n + 2$ in einem eindeutigen Punkt schneiden, wobei diese Schnittpunkte nach Annahmen paarweise verschieden sind. Da die Ordnung der projektive Ebene n ist, enthält die Gerade L_i weiter genau $n + 1$ verschiedene Punkte. Damit gilt für jeden Punkt $P \in L_i$, dass P auch auf genau einem L_j liegt für $i \neq j \in \{1, \ldots, n + 2\}$.

Nach Proposition 2.2.13 enthält $\mathcal{L}_\mathbf{P}$ genau $n^2 + n + 1$ Geraden und es gilt $n^2 + n + 1 > n + 2$, da nach Bemerkung 2.2.3 für die Ordnung $n \geq 2$ gilt. Daher muss es noch eine weitere Gerade $L \in \mathcal{L}_\mathbf{P}$ geben. Nach P.2 muss diese Gerade L jede der Geraden $L_1, \ldots, L_{n+2}$ in genau einem Punkt schneiden. Da jeder Punkt einer Geraden $L_i \in \{L_i, i = 1, \ldots, n+2\}$ auch auf genau einer weitere Geraden $L_j \in \{L_i, i = 1, \ldots, n+2\}$ liegt, ist jeder Schnittpunkt von L mit einer der Geraden bereits Schnittpunkt mit zwei der Geraden. Die Ordnung n ist nach Voraussetzung ungerade und so ist auch $n + 2$ ungerade. Also gibt es $i_k, k \in \{0, \ldots, n + 1\}$, sodass die Punkte $L_{i_1} \cap L_{i_2}, L_{i_3} \cap L_{i_4}, \ldots, L_{i_n} \cap L_{i_{n+1}}$ auf L liegen. Weiter muss L auch einen Schnittpunkt mit $L_{i_{n+2}}$ besitzen. Jeder Punkt auf $L_{i_{n+2}}$ liegt aber bereits auf einer der Geraden $L_{i_1}, \ldots, L_{i_{n+1}}$. Daraus folgt, dass es eine Gerade $L_i \in \{L_1, \ldots, L_{n+2}\}$ geben muss, die sich mit L in zwei Punkten schneidet, was ein Widerspruch zu P.1 ist. □

2.3 Dualität projektiver Ebenen

Konstruktion 2.3.1. Sei $(\mathbf{P}, \mathcal{L}_\mathbf{P})$ eine projektive Ebene der Ordnung n. Zu einem $P \in \mathbf{P}$ sei $l(P) := \{l \in \mathcal{L}_\mathbf{P} | P \in l\}$. Mit

$$\mathbf{P}^* := \mathcal{L}_\mathbf{P} \text{ und } \mathcal{L}_{\mathbf{P}^*} := \{l(P) | P \in \mathbf{P}\}.$$

ist $(\mathbf{P}^*, \mathcal{L}_{\mathbf{P}^*})$ eine projektive Ebene der Ordnung n, genannt die *duale projektive Ebene* zu $(\mathbf{P}, \mathcal{L}_\mathbf{P})$.

Beweis. Es werden zunächst die Axiome P.1, P.2 und P.4 überprüft:

P.1   Seien $p \neq q \in \mathbf{P}^*$ zwei Punkte in der dualen Ebene. Dann sind p, q Geraden in $\mathcal{L}_\mathbf{P}$. Da $(\mathbf{P}, \mathcal{L}_\mathbf{P})$ eine projektive Ebene ist, gilt mit P.2, dass sich p und q in einem eindeutigen Punkt $P \in \mathbf{P}$ schneiden. Damit gibt es eine eindeutige Gerade $l(P) \in \mathcal{L}_{\mathbf{P}^*}$ durch die Punkte $p, q \in \mathbf{P}^*$.

P.2   Seien $l \neq l' \in \mathcal{L}_{\mathbf{P}^*}$ zwei Geraden in der dualen Ebene. Dann gibt es zwei Punkte $P, Q \in \mathbf{P}$, sodass $l(P) = l, l(Q) = l'$. Da $(\mathbf{P}, \mathcal{L}_\mathbf{P})$ eine projektive Ebene ist, gibt es weiter mit P.1 eine eindeutige Gerade $L \in \mathcal{L}_\mathbf{P} = \mathbf{P}^*$ durch die Punkte P und Q. Damit schneiden sich die Geraden l, l' in einem eindeutigen Punkt $L \in \mathbf{P}^*$.

P.4   Da $(\mathbf{P}, \mathcal{L}_\mathbf{P})$ eine projektive Ebene ist, gibt es mit P.4 drei nicht kollineare Punkte $P, Q, R \in \mathbf{P}$. Die Geraden $P \vee Q, P \vee R$ und $Q \vee R$ sind also verschieden und schneiden sich nach P.2 je in einem eindeutigen Punkt. Da P auf beiden Geraden $P \vee Q$ und $P \vee R$ liegt, gilt $P = P \vee Q \cap P \vee R$. Analog erhält man $Q = P \vee Q \cap Q \vee R$ und $R = P \vee R \cap Q \vee R$. Damit sind die Schnittpunkte je zweier Geraden paarweise verschieden und es gibt keinen gemeinsamen Schnittpunkt aller drei Geraden. Damit folgt, dass es keine Gerade aus $\mathcal{L}_{\mathbf{P}^*}$ gibt, die die Punkte $P \vee Q, P \vee R$ und $Q \vee R$ aus $\mathbf{P}$ enthält. Demnach sind diese Punkte in $(\mathbf{P}^*, \mathcal{L}_{\mathbf{P}^*})$ nicht kollinear.

Zur Ordnung und P.3: Sei $l \in \mathcal{L}_{\mathbf{P}^*}$ eine Gerade. Dann gibt es einen Punkt $P \in \mathbf{P}$, sodass $l = l(P)$. Insgesamt gibt es mit 2.2.13 (i) $n+1$ Geraden in $\mathcal{L}_\mathbf{P}$, die durch den Punkt $P \in \mathbf{P}$ gehen. Damit enthält die Gerade $l = l(P) = \{l \in \mathcal{L}_\mathbf{P} | P \in l\}$ genau $n+1$ Punkte. Somit ist die Ordnung der dualen projektiven Ebene n und jede Gerade enthält $n + 1 \geq 3$ Punkte. $\square$

Beweis von Proposition 2.2.13 (iii). Sei $(\mathbf{P}, \mathcal{L}_{\mathbf{P}})$ eine projektive Ebene der Ordnung n. Dann ist auch ihre duale projektive Ebene $(\mathbf{P}^*, \mathcal{L}_{\mathbf{P}^*})$ nach 2.3.1 eine projektive Ebene der Ordnung n. Mit 2.2.13 (ii) und, da $\mathbf{P}^* = \mathcal{L}_{\mathbf{P}}$ gilt, folgt dann $|\mathcal{L}_{\mathbf{P}}| = |\mathbf{P}^*| = n^2 + n + 1$. $\qquad\qquad\square$

2.4 Zusammenhang mit affinen Ebenen

Definition 2.4.1. Seien $\mathbf{A}$ eine nicht-leere Punktemenge und $\mathcal{L}_{\mathbf{A}}$ eine Menge von Geraden aus diesen Punkten. Dann heißt das Paar $(\mathbf{A}, \mathcal{L}_{\mathbf{A}})$ eine *(axiomatisch) affine Ebene*, wenn die folgenden Axiome erfüllt sind:

A.1 Zwei Punkte $P \neq Q$ liegen auf einer eindeutigen Geraden.

A.2 Jede Gerade enthält mindestens zwei verschiedene Punkte.

A.3 Es gibt drei nicht-kollineare Punkte.

EuP Durch einen Punkt P, der nicht auf einer Geraden L liegt, gibt es genau eine Gerade, die keinen gemeinsamen Punkt mit L hat.

Das Axiom EuP heißt *euklidisches Parallelenaxiom* und zwei Geraden heißen *parallel* zueinander, falls sie keinen gemeinsamen Punkt besitzen oder gleich sind.

Eine affine Ebene heißt *endlich*, wenn ihre Punktemenge endlich ist.

Beispiel 2.4.2. Das kleinste Beispiel einer endlichen affinen Ebene ist die unten dargestellte Ebene mit vier Punkten und sechs zweipunktigen Geraden.

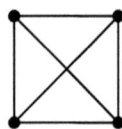

Beispiel 2.4.3. Über einem beliebigen Körper $\mathbb{K}$ erhält man einen affine Ebene $(\mathbf{A}, \mathcal{L}_{\mathbf{A}})$ durch

$$\mathbf{A} := \mathbb{K}, \ \mathcal{L}_{\mathbf{A}} := \{l | l \text{ ist Gerade in } \mathbb{K}^2\}$$

Bemerkung 2.4.4. In einer affine Ebene ist Parallelität eine Äquivalenzrelation. Insbesondere gibt es Äquivalenzklassen paralleler Geraden.

Definition 2.4.5. Sei $(\mathbf{A}, \mathcal{L_A})$ eine affine Ebene und für eine Gerade $L \in \mathcal{L_A}$ sei $[L]$ die Äquivalenzklasse der zu L parallelen Geraden. Dann heißt $H_\infty := \{[L] | L \in \mathcal{L_A}\}$ die *unendlich ferne Gerade*. Weiter heißt $(\overline{A}, \overline{\mathcal{L_A}})$ mit $\overline{L} := L \cup \{[L]\}$ und

$$\overline{\mathbf{A}} := \mathbf{A} \cup H_\infty$$
$$\overline{\mathcal{L_A}} := \{\overline{L} | L \in \mathcal{L_A}\} \cup \{H_\infty\}$$

der *projektive Abschluss* von $(\mathbf{A}, \mathcal{L_A})$.

Proposition 2.4.6. *Sei* $(\mathbf{A}, \mathcal{L_A})$ *eine affine Ebene. Dann ist ihr projektiver Abschluss* $(\overline{\mathbf{A}}, \overline{\mathcal{L_A}})$ *eine projektive Ebene.*

Beweisidee. Es müssen die Axiome P.1 - P.4 nachgeprüft werden. □

Beispiel 2.4.7. Der Projektive Abschluss der affine Ebene mit vier Punkten aus Beispiel 2.4.2 ist die Fano-Ebene.

Proposition 2.4.8. *Seien* $(\mathbf{P}, \mathcal{L_P})$ *eine projektive Ebene der Ordnung* n, $L \in \mathcal{L_P}$ *eine Gerade und*

$$\mathbf{P}_L := \mathbf{P} \backslash L$$
$$\mathcal{L}_{\mathbf{P}_L} := \{L' \backslash L | L' \in \mathcal{L_P} \backslash \{L\}\}.$$

Dann ist das Tupel $(\mathbf{P}_L, \mathcal{L}_{\mathbf{P}_L})$ *eine affine Ebene. Weiter liegen auf jeder Geraden der affine Ebene genau* n *Punkte.*

Beweisidee. Es müssen die Axiome A.1 - A.3 und EuP nachgeprüft werden. Weiter schneidet L jede weitere Gerade in einem Punkt. Also enthält jede Gerade aus $\mathcal{L}_{\mathbf{P}_L}$ genau einen Punkt weniger als eine Gerade aus $\mathcal{L_P}$. □

Beispiel 2.4.9. Das Entfernen einer Gerade und ihrer Punkte aus der Fano-Ebene liefert eine affine Ebene isomorph zur affine Ebene aus Beispiel 2.4.2.

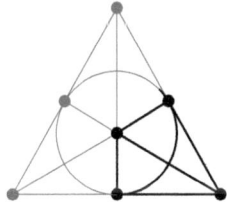

Proposition 2.4.10. *Seien* $(\mathbf{P}, \mathcal{L_\mathbb{P}})$ *eine projektive Ebene und* $L \in \mathcal{L_\mathbb{P}}$ *eine Gerade. Dann ist der Projektive Abschluss* $(\overline{\mathbf{P}_L}, \overline{\mathcal{L}_{\mathbb{P}_L}})$ *von* $(\mathbf{P}_L, \mathcal{L}_{\mathbb{P}_l})$ *auf natürliche Weise isomorph zu* $(\mathbf{P}, \mathcal{L_\mathbb{P}})$.

2.5 Eindeutigkeit der projektiven Ebene der Ordnung 7

Definition 2.5.1. Sei $(\mathbf{A}, \mathcal{L_A})$ eine affine Ebene und $A, B, C \in \mathbf{P}$ sowie $A', B', C' \in \mathbf{P}$ die Ecken zweier Dreiecke so, dass sich die Geraden $A \vee A'$, $B \vee B'$ und $C \vee C'$ in einem *Zentrum* $Z \in \mathbf{P}$ schneiden oder parallel sind. Dann heißt die affine Ebene *desarguessch*, wenn folgendes gilt: Sind bei zwei der Geraden-paare $A \vee B$ und $A' \vee B'$, $A \vee C$ und $A' \vee C'$ sowie $B \vee C$ und $B' \vee C'$ die Geraden jeweils parallel zueinander, so sind es die Geraden im dritten Geradenpaar.

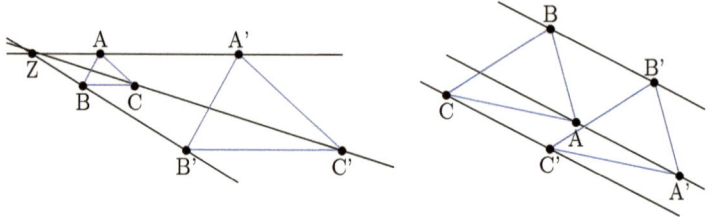

Definition 2.5.2. Sei $(\mathbf{P}, \mathcal{L_P})$ eine projektive Ebene und $A, B, C \in \mathbf{P}$ sowie $A', B', C' \in \mathbf{P}$ die Ecken zweier Dreiecke so, dass sich die Geraden $A \vee A'$, $B \vee B'$ und $C \vee C'$ in einem *Zentrum* $Z \in \mathbf{P}$ schneiden. Dann heißt die projektive Ebene *desarguessch*, wenn die Schnittpunkte $A \vee B \cap A' \vee B'$, $A \vee C \cap A' \vee C'$ und $B \vee C \cap B' \vee C'$ kollinear sind.

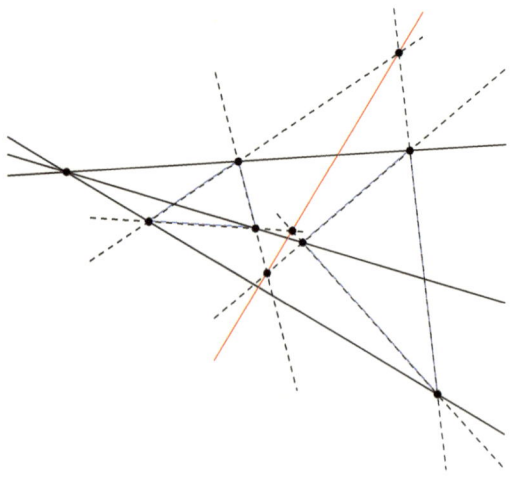

Proposition 2.5.3. *Ist eine projektive Ebene $(\mathbf{P}, \mathcal{L_P})$ desarguessch, so ist auch für jede Gerade $L \in \mathcal{L_P}$ die affine Ebene $(\mathbf{P}_L, \mathcal{L_{\mathbf{P}_L}})$ desarguessch.*

Proposition 2.5.4. *Jede projektive Ebene der Ordnung 7 ist desarguessch.*

Beweisidee. Es kann zunächst gezeigt werden, dass eine projektive Ebene der Ordnung 7 keine Fano-Konfiguration enthält, sie also kein vollständiges Viereck mit sich schneidenden Diagonalen enthält. Ein Beweis hierfür findet sich in [Pie53]. Darauf aufbauend hat Marshall Hall in [Hal53] und [Hal54] gezeigt, dass eine projektive Ebene der Ordnung 7, d.h. mit 57 Punkten (vgl. Proposition 2.2.13), desarguessch ist. □

Bemerkung 2.5.5. Sei p eine Primzahl. Dann gibt es bis auf Isomorphie genau einen Körper $\mathbb{F}_p$ mit p Elementen.

Definition 2.5.6. Ein *Schiefkörper* ist ein ein Ring mit Einselement, in dem jedes Element ein multiplikatives Inverses besitzt. Ein Schiefkörper erfüllt also alle Eigenschaften eines Körpers, außer, dass die Multiplikation nicht notwendigerweise kommutativ ist.

Satz 2.5.7 (Wedderburn). *Jeder endliche Schiefkörper ist ein Körper.*

Beweis. [Wei74, Kapitel 1, S. 1.] □

Satz 2.5.8 (Darstellungssatz affiner Ebenen). *Sei* $(\mathbf{A}, \mathcal{L}_{\mathbf{A}})$ *eine desarguessche affine Ebene. Dann ist* $(\mathbf{A}, \mathcal{L}_{\mathbf{A}})$ *isomorph zu* $\mathbb{A}_2(\mathbb{K})$ *für einen Schiefkörper* $\mathbb{K}$.

Beweisidee. Seien $0, 1, 1' \in \mathbf{A}$ drei nach A.3 existiere nicht kollineare Punkte. Weiter seien $K := 0 \vee 1$, $K' := 0 \vee 1'$ und K'' die nach EuP eindeutige zu K parallele Gerade durch den Punkt $1'$. Damit können einen Addition und eine Multiplikation über K wie folgt definiert werden:
Zur Addition: Seien $X, Y \in K$ und X' der Schnittpunkt von K'' mit der eindeutigen Parallelen zu K' durch X. Dann sei der Schnittpunkt der eindeutigen Parallelen zu $1' \vee Y$ durch X' mit K genau $X + Y$.
Zur Multiplikation: Seien $X, Y \in K$ und X'' der Schnittpunkt von K' mit der eindeutigen Parallelen zu $1 \vee 1'$ durch X. Dann sei der Schnittpunkt der eindeutigen Parallelen zu $1' \vee Y$ durch X'' mit K genau $X \cdot Y$.

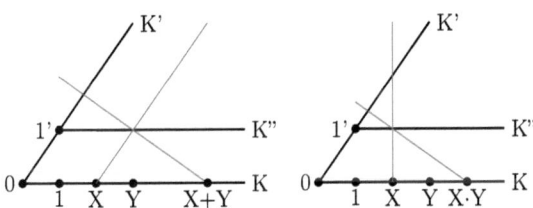

Diese Definitionen der Verknüpfungen sind unabhängig von der Wahl von $1'$.
Mithilfe der Desargues-Eigenschaft können nun für K die Axiome eines Schief-
körpers geprüft werden und damit ein Isomorphismus zwischen der affine Ebe-
ne $(\mathbf{A}, \mathcal{L}_\mathbf{A})$ und der affine Ebene über diesem Körper konstruiert werden. Ein
vollständiger Beweis hierfür findet sich bei [Kre, S. 17-20]. Kreuzer spricht im
Beweis von einem Körper, in dem jedoch die Multiplikation nicht kommutativ
ist. Gemeint ist also ein Schiefkörper. □

Satz 2.5.9 (Darstellungssatz projektiver Ebenen). *Sei* $(\mathbf{P}, \mathcal{L}_\mathbf{P})$ *eine desar-*
guessche projektive Ebene. Dann ist $(\mathbf{P}, \mathcal{L}_\mathbf{P})$ *isomorph zum projektiven Ab-*
schluss einer affinen Ebene über einem Schiefkörper $\mathbb{K}$.

Beweis. Zu einer Geraden $L \in \mathcal{L}_\mathbf{P}$ betrachte die nach Proposition 2.4.8 affine
Ebene $(\mathbf{P}_L, \mathcal{L}_{\mathbf{P}_L})$, welche nach Proposition 2.5.3 desarguessch ist. Nach dem
Darstellungssatz affiner Ebenen 2.5.8 gibt es einen Schiefkörper $\mathbb{K}$, sodass
$(\mathbf{P}_L, \mathcal{L}_{\mathbf{P}_L}$ isomorph ist zur affinen Ebene über diesem Körper. Der projektive Abschluss dieser affine Ebene ist nach Proppsition 2.4.10 isomorph zu
$(\mathbf{P}, \mathcal{L}_\mathbf{P}))$. □

Folgerung 2.5.10. *Die projektive Ebene der Ordnung 7 ist eindeutig.*

Beweis. Nach Proposition 2.5.4 ist eine projektive Ebene der Ordnung 7 desarguessch und somit mit Satz 2.5.9 der projektive Abschluss einer affine Ebene
$(\mathbf{A}, \mathcal{L}_\mathbf{A})$ über einem Schiefkörper $\mathbb{K}$. Da die projektive Ebene die Ordnung
$n = 7$ hat und somit mit Proposition ?? jede Gerade genau sieben Punkte
enthält, muss dieser Schiefkörper ebenfalls genau 7 Elemente enthalten. Nach
dem Satz von Wedderburn 2.5.7 ist $\mathbf{K}$ bereits ein Körper, der mit Bemerkung
2.5.5 eindeutig ist. Somit ist auch die projektive Ebene der Ordnung $n = 7$
eindeutig. □

3 Das Spiel Dobble

Dobble besteht aus einem Kartenset mit folgenden Eigenschaften:

- Das Kartenset besteht aus 55 Karten.

- Auf jeder Karte des Kartensets sind acht Verschiedene Symbole zu sehen.

- Je zwei Karten stimmen immer in genau einem Symbol überein.

Aus rechtlichen Gründen wurde die Abb. entfernt. (Anm. d. Red.)

Abbildung 1: Fünf Karten des Spiels Dobble. ©Asmodee

In jeder der fünf Spielvarianten geht es um Schnelligkeit und es sind immer alle Spieler gleichzeitig gefordert. Das Ziel ist es dabei, als Erster das Symbol zu finden, dass auf zwei Karten übereinstimmt.

3.1 Spielvarianten

In der Anleitung zum Spiel [10] finden sich insgesamt fünf Spielvarianten, die jeweils aus mehreren Runden bestehen. Bei den ersten beiden Varianten, genannt „Der Turm" und „Der Brunnen", versuchen in jeder Runde alle Spieler möglichst schnell das gemeinsame Symbol zwischen ihrer eigenen Karte und einer Karte in der Mitte zu finden. Dagegen werden bei der dritten und vierten Variante, genannt „Heiße Kartoffel" und „Das vergiftete Geschenk", nur die Karten der Mitspieler betrachtet und es wird das gemeinsame Symbol zwischen der Karte eines Mitspielers und der eigenen Karte oder der Karte in der Mitte gesucht.

Der fünften Spielvariante mit dem Namen „Drilling" liegt ein etwas anderes Prinzip zugrunde. Die Spieler haben selbst keine eigenen Karten. stattdessen werden neun Karten offen in der Mitte ausgelegt. Alle versuchen nun gleichzeitig ein Symbol zu finden, das zwischen drei Karten übereinstimmt.

3.2 Dobble als Modellraum einer projektiven Ebene

Im Folgenden soll nun die Struktur des Kartensets im Spiel Dobble genauer untersucht werden. Dazu können die Karten mit Geraden sowie die Symbole auf den Karten mit den Punkten auf den zugehörigen Geraden identifiziert werden. Damit erhält man eine Punktemenge $\mathbf{P}$ sowie eine Geradenmenge $\mathcal{L}$ mit:

D.1 Die Menge $\mathcal{L}$ enthält 55 Geraden.

D.2 Auf jeder Geraden aus $\mathcal{L}$ liegen acht Punkte.

D.3 Je zwei Geraden schneiden sich in einem eindeutigen Punkt.

Satz 3.2.1. *Seien $\mathbf{P}$ eine nicht-leere Punktemenge und $\mathcal{L}$ eine Geradenmenge dieser Punkte, für die D.1, D.2 und D.3 gelten. Dann ist das Tupel $(\mathbf{P}, \mathcal{L})$ keine projektive Ebene.*

Beweis. Nach der Folgerung 2.2.14 kann es keine projektive Ebene mit 55 Geraden geben. □

Damit ist auch das Kartenset des Spiels Dobble keine projektive Ebene. Da auf jeder Karte bzw. Gerade genau acht Symbole bzw. Punkte liegen, hätte das Kartenset, wenn es eine projektive Ebene wäre, die Ordnung 7. Eine solche projektive Ebene müsste sowohl 57 Punkte als auch 57 Geraden enthalten. In der Tabelle der Symbole der Dobblekarten sind die Symbole und Karten des Spiels eingetragen. in den Zeilen finden sich die verschiedenen Symbole, wobei in den Spalten jeweils die Symbole einer Karte markiert sind. Man kann beobachten, dass das Kartenset des Spiels Dobble genau 57 verschiedene Symbole enthält. Es sollen nun zwei Karten so konstruiert werden, dass durch deren Hinzunahme das Kartenset des Spiels Dobble zu einer projektive Ebene der Ordnung $n = 7$ wird.

Wegen Proposition 2.2.13 (i) liegt in einer projektive Ebene der Ordnung $n = 7$ jeder Punkt auf genau acht verschiedenen Geraden. Die Tabelle der Symbole der Dobblekarten zeigt, dass es im Kartenset ein Symbol, den Schneemann, gibt, das nur auf sechs verschiedenen Karten liegt (rot markiert), sowie 14 weitere Symbole, die jeweils nur auf sieben verschiedenen Karten liegen (orange markiert). Alle anderen Symbole finden sich auf jeweils acht verschiedenen Karten wieder (grün markiert).

Daher muss der Schneemann das nach P.2 gemeinsame Symbol der beiden Karten werden. Die anderen 14 Punkte müssen nun so auf den beiden Karten verteilt werden, dass weiterhin P.1 gilt, also keine Karten mehr oder weniger als ein gemeinsames Symbol besitzen. In der Tabelle finden sich in den letzten beiden Spalten diese Karten. Alles Symbole der einen Karte sind bei den bisherigen Karten blau markiert, alle der anderen Karte rötlich. So kann einfach gesehen werden, dass tatsächlich jede der bisherigen Karten genau ein gemeinsames Symbol mit jeder der neuen Karten hat. Insgesamt erhält man die folgende beiden neuen Karten:

Aus rechtlichen Gründen wurden die Abb. entfernt. (Anm. d. Red.)

Abbildung 2: Karte 56   Abbildung 3: Karte 57

Satz 3.2.2. *Durch die Erweiterung seines Kartensets um die so konstruierten Karten wird Dobble eine projektive Ebene der Ordnung 7.*

Beweisidee. Die Axiome P.1, P.2, P.3 und P.4 folgen direkt aus D.1, D.2, D.3 und der Konstruktion oder zeigen sich in der Tabelle der Symbole der Dobblekarten. □

Folgerung 3.2.3. *Das Kartenset des Spiels Dobble wird durch die Erweiterung um die beiden zuvor konstruierten Karten zu einem Modellraum der eindeutigen projektiven Ebene der Ordnung 7.*

Bemerkung 3.2.4. Als Grund dafür, dass das Kartenset von Dobble nur 55 statt der 57 Karten enthält, gab die Verlegerfirma Asmodee laut [Beu20] an, dass dies eine Vorgabe der Druckerei sei, da mit jedem Druckbogen genau 55 Karten gedruckt werden können.

3.3 Mögliche Spielvariationen

Die Voraussetzung, dass die ersten vier Spielvarianten immer spielbar sind, ist, dass je zwei Karten immer ein gemeinsames Symbol zeigen. Diese Eigenschaft ist nach D.3 immer erfüllt. Dass auch die fünfte Spielvariante spielbar ist, ist aus D.1 - D.3 noch nicht direkt ersichtlich.

Folgerung 3.3.1. *Unter neun Karten des Kartensets Dobble gibt es immer drei, die in einem Symbol übereinstimmen.*

Beweis. Da das erweiterte Kartenset des Spiels Dobble eine projektive Ebene der Ordnung 7 ist, folgt mit Proposition 2.2.15 die Existenz dieser Karten. Indem Karten aus dem erweiterten Kartenset entnommen werden, ändert sich diese Aussage nicht und somit gilt sie auch für das reguläre Kartenset Dobble.

$\square$

Somit sind alle in der Anleitung angegebenen Spielvarianten tatsächlich mit dem Dobble-Kartenset spielbar. Für das um diese beiden Karten zu einer projektive Ebene der Ordnung 7 erweiterte Kartenset ergeben sich mit Kapitel 2 Endliche projektive Ebenen neue Möglichkeiten für weitere Spielvarianten. Zum einen ist es durch die Dualität endlicher projektiver Ebenen aus Satz 2.3.1 möglich, die Bezeichnungen Karte und Symbol in den bisherigen Spielvarianten auszutauschen. Weiter könnten in einer Spielversion die nach Proposition 2.2.13 genau 8 Karten mit einem bestimmten Symbol gesucht werden.

Außerdem können über endliche projektive Ebenen über einem Körper einfach Kartensets mit mehr oder weniger Symbolen pro Karte konstruiert werden, um somit leichtere oder schwierigere Spiele zu erhalten. Das Spiel Dobble Kids setzt diese Variante bereits mit sechs Symbolen pro Karte um. Der Satz von Bruck und Ryser 2.2.8 zeigt außerdem, für welche Anzahl an Symbolen pro Karte eine Konstruktion eines solchen Kartenspiels nicht möglich ist.

Anhang

Tabelle der Symbole der Dobblekarten

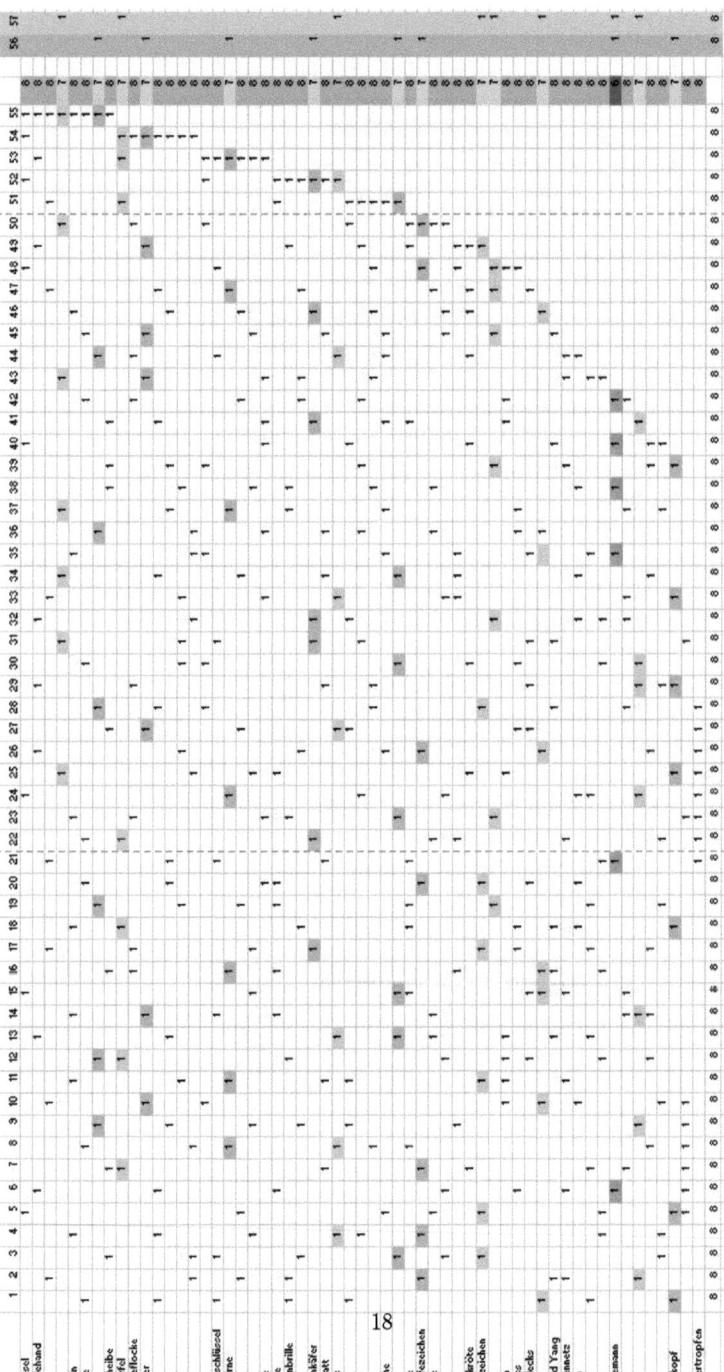

18

Literatur

[10]   *Dobble Spielanleitung*. 2010. URL: https://asmodee-resources.
          azureedge.net/media/germanyprod/Produkte/Dobble/Download/
          Dobble_2018_Classic_REGEL_DE.pdf.

[Beu20]   Johann Carl Beurich. *Hinter dem Spiel Dobble steckt erstaunlich
          viel Mathematik*. 2020. URL: https://www.youtube.com/watch?
          v=vyYSEDGUdlg.

[Blu35]   Otto Blumenthal. „Lebensgeschichte". In: *David Hilbert, Gesammel-
          te Abhandlungen, Dritter Band*. Springer, 1935, S. 388–429.

[BR04]   Albrecht Beutelspacher und Ute Rosenbaum. *Projektive Geometrie:
          von den Grundlagen bis zu den Anwendungen*. vieweg, 2004.

[BR49]   Richard Hubert Bruck und Herbert John Ryser. „The Nonexistence
          of Certain Finite Projective Planes". In: *Canadian Journal of Ma-
          thematics* 1.1 (1949), S. 88–93. DOI: 10.4153/CJM-1949-009-2.

[Hal53]   Marshall Hall. „Uniqueness of the projective plane with 57 points".
          In: *Proceedings of the American Mathematical Society* 4.6 (1953),
          S. 912–916.

[Hal54]   Marshall Hall. „Correction to Uniqueness of the Projective Plane
          with 57 Points". In: *Proceedings of the American Mathematical So-
          ciety* 5.6 (1954), S. 994–997.

[KK96]   Lars Kadison und Matthias T. Kronemann. *Projective geometry and
          modern algebra*. Birkhäuser, 1996.

[Kre]   Alexander Kreuzer. *Geometrie I*. URL: https://www.math.uni-
          hamburg.de/home/kreuzer/Geo1-61.pdf.

[Lam91]   Clement Wing Hong Lam. „The Search for a Finite Projective Plane
          of Order 10". In: *The American Mathematical Monthly* 98.4 (1991),
          S. 305–318. URL: http://www.jstor.org/stable/2323798.

[MN98]   Jiri Matousek und Jaroslav Nesetril. *Invitation to Discrete Mathe-
          matics*. Clarendon Press, 1998.

[Pie53]   William A Pierce. „The impossibility of Fano's configuration in a
          projective plane with eight points per line". In: *Proceedings of the
          American Mathematical Society* 4.6 (1953), S. 908–912.

[Rad19]   Ivo Radloff. *Geometrie (VL, SE und mehr)*. 2019.

[Wei74]   André Weil. *Basic Number Theory*. 3. Aufl. Springer-Verlag, 1974.